画说鸡

画说鸡

【日】山上善久 ● **编文**　　【日】菊池日出夫 ● **绘画**

说起鸡，喔喔喔~它们是早上最早啼叫的家禽。
它们每天产下新鲜的鸡蛋，
还可以被制作成美味的炸鸡和鸡肉串。
从很久以前鸡类就开始和人类一起生活。
如果没有鸡类的存在，我们可能吃不到
蛋黄酱、布丁等食物。如果认真思考一下，
原来我们还是很喜欢鸡哦。

中国农业出版社

北京

1 鸡是院子中的家禽，报时的家禽

你听过公鸡的叫声吧，听起来是什么样子的？

一定是"喔喔喔"吧！的确如此，在日本，如果问起公鸡的叫声，大部分的人都会回答"喔喔喔"。但是，在世界上的其他国家，公鸡的叫声听起来会有一点不同，英国是"咯咯吱噜吱"，法国是"咯咯喔咯"，德国是"吱吱喔吱"，俄罗斯是"咯咯喔哒"……这是很有意思的。在英语中，公鸡叫做"cock"，雏鸡叫做"chick"，这些单词好像是通过模仿公鸡和雏鸡的叫声来创造的，这些都表明我们人类对身边生活的鸡倾注了爱恋之情。

庭院中的家禽是报时的家禽

鸡这个名称是从"庭院中的家禽"而来的。在日本，自古以来，鸡作为院子中的家禽备受人类的喜爱。对于人类来说，鸡是一种特别的家禽。发出"喔喔喔"又响又长的打鸣声的公鸡作为报时（告知时间）的家禽更显得特别珍贵。头遍鸡叫为丑时（早上2点），二遍鸡叫为寅时（早上4点），三遍鸡叫就预示着天亮了（早上6点）。古时候，人们根据日出和日落的规律来安排生活，所以能够根据四季变化预知黎明到来而报时的鸡可谓是活时钟。

作为**自然保护动物**的鸡

一说到鸡，就会想到拣鸡蛋或者吃鸡肉。虽然脑海中浮现的都是食用品种的鸡，但是如果按照体型或者骨骼来分，鸡的品种超过 150 种。不仅如此，如果按照鸡冠、羽毛颜色和性质仔细划分的话，鸡的品种可以达到 450~600 种之多。例如体型美丽的长尾鸡、矮脚鸡、乌骨鸡，喜爱长鸣的东天红、声良鸡、长鸣鸡，斗鸡用的军鸡等。在日本，有 17 个品种的鸡作为珍稀动物，被指定为自然保护动物。

长尾鸡

东天红

斗鸡

告知**神**的启示的斗鸡

起初，鸡靠与同伴们打架来决定强弱，所以，在群体中的鸡会根据强弱排出顺序，而且，其他种群的鸡不能够进入这一群体。充分利用鸡喜欢打架的特点，让公鸡之间相互打架的"斗鸡"便应运而生。公鸡以勇气和自豪为特征，作为能够预言黎明曙光的神圣家禽

来说，它们是特别珍贵的。斗鸡最初也是为了了解来自神的指示的占卜而进行的活动，变为娱乐项目是之后的事情。善于打架的鸡通过进一步改良变得更加争强好胜，野生的鸡逐渐被驯化，担当着重要的角色。

2 先有鸡，还是先有蛋？

说起鸡，就会想到白色的羽毛和红色的鸡冠，但实际上鸡的品种众多，有各式各样的花色、体型和大小。据说，人类对野生鸡的驯化可以追溯到 5 000 年前。在人类和鸡相处的漫长历史长河中，人类为了获得鸡蛋和鸡肉，为了进行斗鸡活动和听到悠长的鸣叫，培育了很多品种。目前，世界上品种众多的鸡都和人类有着密切的关系。

先有鸡，还是先有蛋？

注意观察鸡的脚，上面有鳞片的痕迹吧？这说明家禽是从爬行类进化形成的物种，因此自然会认为是从爬行类产出的卵中孵出了家禽的祖先。

现在的鸡并非是很久以前就存在于自然界的品种，大部分都是人类对野生鸡品种通过选择、饲养，培育出的新品种。现在我们看到的不同体型、羽毛颜色的鸡都是从鸡蛋中孵化出的新物种，所以答案好像是先有蛋。

原鸡是鸡的祖先

据说，鸡的祖先是被称为原鸡的红野鸡，这种鸡是一种野生鸡。直到现在，它们作为野鸡生活在印度、菲律宾及马来半岛、苏门答腊岛等地。它们生活在村落附近的竹林或者茂盛的森林当中。它们大部分生活在地面上，以植物的种子、谷类和昆虫等为食物，体重大约为 500 克，非常轻盈。尽管不能长距离飞行，但是偶尔也能飞 30~100 米。很久以前，鸡的祖先很可能生活在人类村落的附近，靠人类生活遗弃的谷类等生存，后逐渐经过驯化，变成了现在的鸡。

不孵蛋的鸡

一般来说，母鸡在下了 2~10 个蛋后，一进窝就会本能地开始孵蛋。而蛋鸡就没有这种孵蛋的本能。因为不用孵蛋，蛋鸡能不断地下蛋。

3 鸡蛋是如何形成的?

喔喔喔……

1. 首先形成卵黄

在母鸡背部中间的脊柱内侧,长有形似葡萄串状的卵巢,那里有可以形成卵黄的大大小小的卵泡。在母鸡还是雏鸡时就长有特别小的卵泡了。母鸡不断成长并开始产蛋后,卵黄物质从肝脏运送到卵泡内,经过十天左右,卵泡成熟破裂(排卵),里面的卵黄被吸入一个叫做输卵管的膨大部。

2. 输卵管的构造

输卵管长度约 70 厘米。卵黄通过这条管子时,首先被黏稠的蛋白包裹起来。然后,通过旋转扭动蛋白,被称作卵黄系带的白色带状物从卵黄的两端延伸到鸡蛋的两端。卵黄系带起着保证卵黄一直在蛋内正中间位置的作用。在称为输卵管峡部的地方,紧贴蛋白外侧形成由许多纤维交织而成的薄膜,称为"蛋壳膜"。从排卵到形成薄膜大概需要 4 小时 20 分钟。

3. 形成薄膜和蛋壳

形成薄膜后,水分和矿物质等透过薄膜进入,形成水样蛋白的部分。如此一来,鸡蛋的内部构造完成。形成被薄膜包围的、胖乎乎的鸡蛋。在薄膜的周围,花费 20 小时左右逐渐附着钙质,逐渐形成硬壳。从排卵到具有硬壳的鸡蛋形成,需要花费 24~25 小时。

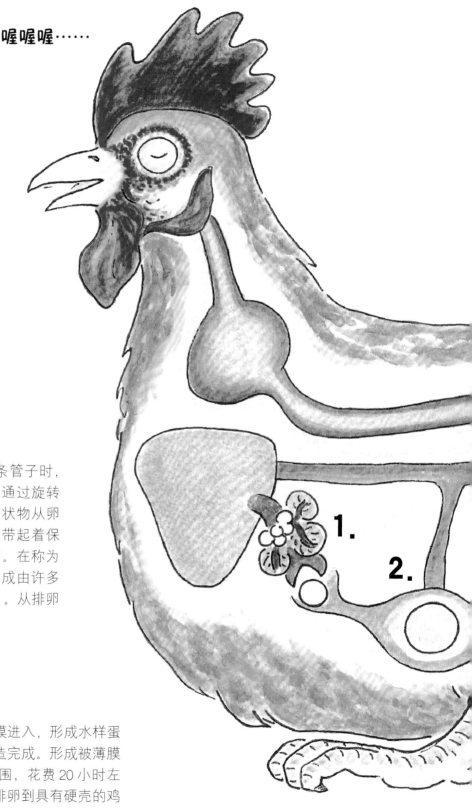

鸡蛋的形状是非常独特的，是没有任何多余、线条非常合理、形状完美的代表。应该如何描述这独特的形状呢？嗯，果然只有"鸡蛋型"最恰当。黏稠部分包裹着紧实且圆圆的蛋黄（卵黄），黏稠的部分和稀薄的部分会形成蛋白（卵白）。鸡蛋里柔软且好像马上流下的东西到底是如何装入硬硬的蛋壳内的呢？如果观察一下母鸡身体的内部结构，就会揭开这个谜哦。

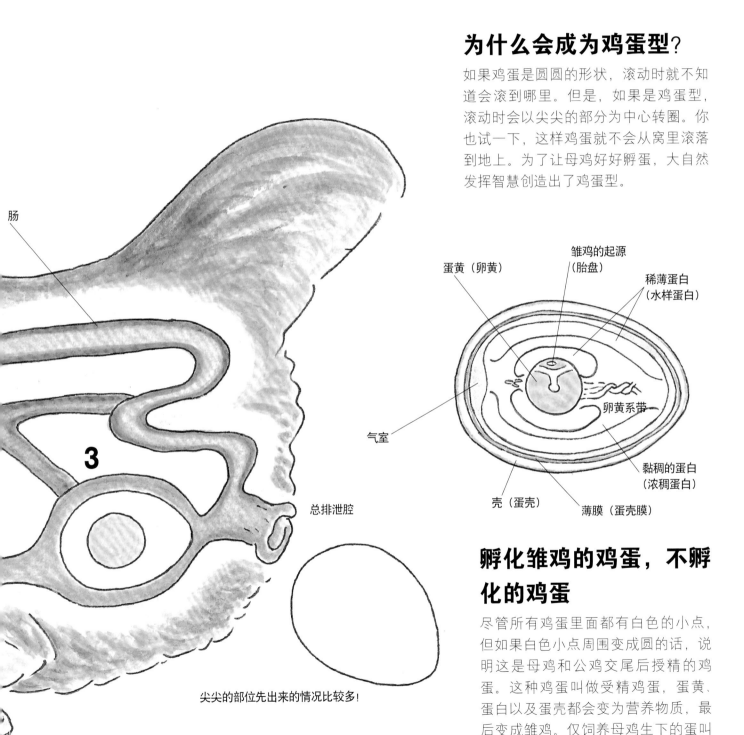

肠

3

总排泄腔

尖尖的部位先出来的情况比较多！

为什么会成为鸡蛋型？

如果鸡蛋是圆圆的形状，滚动时就不知道会滚到哪里。但是，如果是鸡蛋型，滚动时会以尖尖的部分为中心转圈。你也试一下，这样鸡蛋就不会从窝里滚落到地上。为了让母鸡好好孵蛋，大自然发挥智慧创造出了鸡蛋型。

蛋黄（卵黄）

雏鸡的起源（胎盘）

稀薄蛋白（水样蛋白）

气室

卵黄系带

黏稠的蛋白（浓稠蛋白）

壳（蛋壳）

薄膜（蛋壳膜）

孵化雏鸡的鸡蛋，不孵化的鸡蛋

尽管所有鸡蛋里面都有白色的小点，但如果白色小点周围变成圆的话，说明这是母鸡和公鸡交尾后授精的鸡蛋。这种鸡蛋叫做受精鸡蛋，蛋黄、蛋白以及蛋壳都会变为营养物质，最后变成雏鸡。仅饲养母鸡生下的蛋叫做未受精鸡蛋。由于没有授精，无论怎么孵化也不会变成雏鸡。在商店销售的几乎都是未受精鸡蛋。

4 一起尝试孵化鸡蛋吧!

能够孵化出雏鸡的鸡蛋叫做种蛋。种蛋是公鸡和母鸡在一起饲养所产下的蛋。如果母鸡受到充分的照顾,会孵化产下的鸡蛋,从而诞生雏鸡。如果母鸡开始抱蛋,要尽量保持环境不做任何改变(培育母鸡的方法请参照第 15 和 19 页)。但是,如果只是为了获得鸡蛋的话,也有一直下蛋而不抱蛋的母鸡。应该怎么做才能从鸡蛋中孵化出雏鸡呢?你也变成母鸡开始孵蛋吧!

使用孵化器的人工孵化

人们使用孵化器孵化雏鸡叫做人工孵化。在温度设置为 37~38℃ 的孵化器中,将种蛋的尖头朝下,稍微倾斜地摆放。从开始加热到第 12 天,鸡蛋不断吸收周围的热量;第 13 天以后,鸡蛋开始散热,要充分注意温度管理(同时孵化多枚鸡蛋的方法,请参考书后解说),湿度设置为50%~60%。但是,开始孵化第19 天以后,温度要降低 1℃,湿度提高到 75%。如果顺利的话,雏鸡会在第 21 天破壳而出(关于孵化器的详细使用方法,请阅读使用说明书)。

转蛋

从开始孵化到第 14 天,每天必须要转蛋(掉换鸡蛋的朝向)5~6 次(详情请参考书后解说)。现在有附带自动转蛋装置的孵化器,非常方便。母鸡抱蛋时,会自己转蛋,没有必要进行人工转蛋。

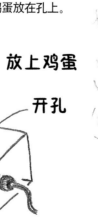

检蛋

人工孵化和母鸡孵化时,在孵化过程中选出种蛋,在漆黑的屋子里对准灯光,去掉未受精或者停止发育的鸡蛋。这个过程叫做检蛋。通常,第一次检蛋选在开始孵化的第 5~7 天,鸡蛋内可以看到红色的血管。第二次检蛋选在第 17~18 天进行(详情请参考书后解说)。

如图所示,在箱子上开一个直径3 厘米左右的孔,放入 60W 的灯泡,然后试着将鸡蛋放在孔上。

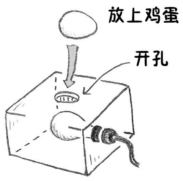

放上鸡蛋

开孔

雏鸡的孵化

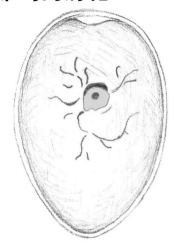

孵化第**2**天……心脏形成，
并开始跳动。

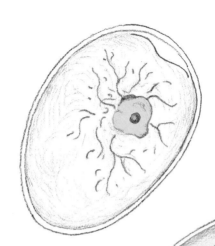

第**6**天……体长达到10
毫米以上，鸡蛋整体布满
血管。透过灯泡的光观看，
鸡蛋变为红色。

第**10**天……完全变成
了雏鸡的形状。

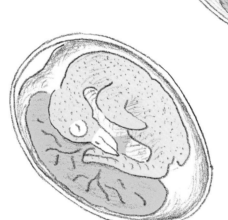

第**13**天……身体被羽毛覆盖。

第**19**天……外面的蛋黄几乎都
进入体内，大体上变成了雏鸡。

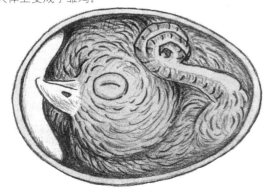

叽 叽

第**21**天……雏鸡使用长在上喙的
破壳牙啄破气室附近蛋壳的部分，
破壳而出。

9

5 品种介绍

作为家禽，改良为多种用途的鸡。
你知道多少种鸡呢？

♂ = 公鸡 ♀ = 母鸡

东天红
与声良鸡、长鸣鸡并称"三大长鸣鸡"。叫声长度可达 15~20 秒。

白色交趾鸡

横纹普利茅斯洛克种鸡
用于肉用和蛋用。羽毛呈现黑色和白色的条状花纹，所以命名为横纹。

脚上长有羽毛的普利茅斯洛克种鸡和毛脚矮脚鸡，好像走起路来有点困难哦。

毛脚矮脚鸡

黑米诺卡鸡和白来航鸡都是原产于地中海沿岸，鸡蛋为白色。白来航鸡因产蛋量高而著名。

白来航鸡

▼鸡冠有很多种类哦

| 豌豆冠 | 单冠 | 蔷薇冠 | 毛冠 | 核桃冠 |

10

狮头鸡

毛冠非常可爱！
使用狮头（长满毛的头）来命名。

汉堡鸡

长有叫做蔷薇冠的非常漂亮的鸡冠。

日本矮脚鸡

矮脚鸡体重小于 600 克，拥有众多颜色或者羽毛不同的品种。

大和斗鸡

小型的矮脚鸡，胸部宽阔，给人很粗野的印象，是江户时代传入日本并改良的品种，被指定为自然保护动物。

阿劳肯鸡

阿劳肯鸡原产于智利，产下的鸡蛋为绿色。

乌骨鸡

就像英文名字"丝绸"一样被羽毛所覆盖，拥有毛冠。鸡冠、皮肤、肉和骨头都是黑色的。通常有 4 根脚趾，也有 5~7 根的情况。

❶白来航鸡等白皮鸡蛋
❷罗德岛红鸡等红皮鸡蛋
❸阿劳肯鸡鸡蛋
❹矮脚鸡鸡蛋
❺乌骨鸡鸡蛋

黑米诺卡鸡

▼鸡蛋也有很多种

6 饲养日历

普通的野生动物大部分都在春季繁殖，但是鸡没有特定的繁殖季节，它们是随时都可以产蛋的动物。虽说如此，像产蛋数量少的矮脚鸡或者斗鸡等品种，到了春季产蛋量会开始变多。虽然鸡的饲养不受季节的限制，在此也大致介绍一下鸡的饲养和成长的关系。

……如果是母鸡育雏，可以一直放在鸡舍里饲养，也可以放在母鸡育雏箱内，然后在屋子里面饲养。

……请不要改变鸡窝的位置，因为鸡会打架的哦。

……鸡喜欢明亮的阳光!

……拣走鸡蛋后，母鸡会继续产蛋。

……确保不要让其他的鸡戳到产蛋的地方!

……育雏箱里，使用雏鸡灯泡调控温度进行饲养。

……转移到鸡舍内吧!

▼ 准备产蛋箱

育雏（饲养雏鸡）　　　　　　　　　　初产　　　　　　　　　　产卵

| 喂食 |

▲育雏前期用　▲育雏后期用　　　　　　▲成年鸡用

混合饲料

……选用混合饲料，足量喂食。将青菜或蔬菜渣放在其他容器内，让鸡自由食用。在食物没有腐败时，收拾好吃剩下的饲料!

……和兽医联系为鸡接种疫苗。为了防止大量出现蚊子或者苍蝇，保持鸡舍清洁!

4　5　6　7　8　9　10　11　12　1　2　3

选择品种·产蛋量多的品种

按照颜色可以将鸡的羽毛大致分为茶色、浅茶色、黑色和白色四种。自古以来的品种中，包括名古屋鸡、罗德岛红鸡、横纹普利茅斯洛克种鸡（黑色和白色的斑纹）和白来航鸡。由于这些品种的鸡自己不能孵蛋，孵化雏鸡时请使用第8页介绍的孵化器，让你自己成为雏鸡们的妈妈吧!

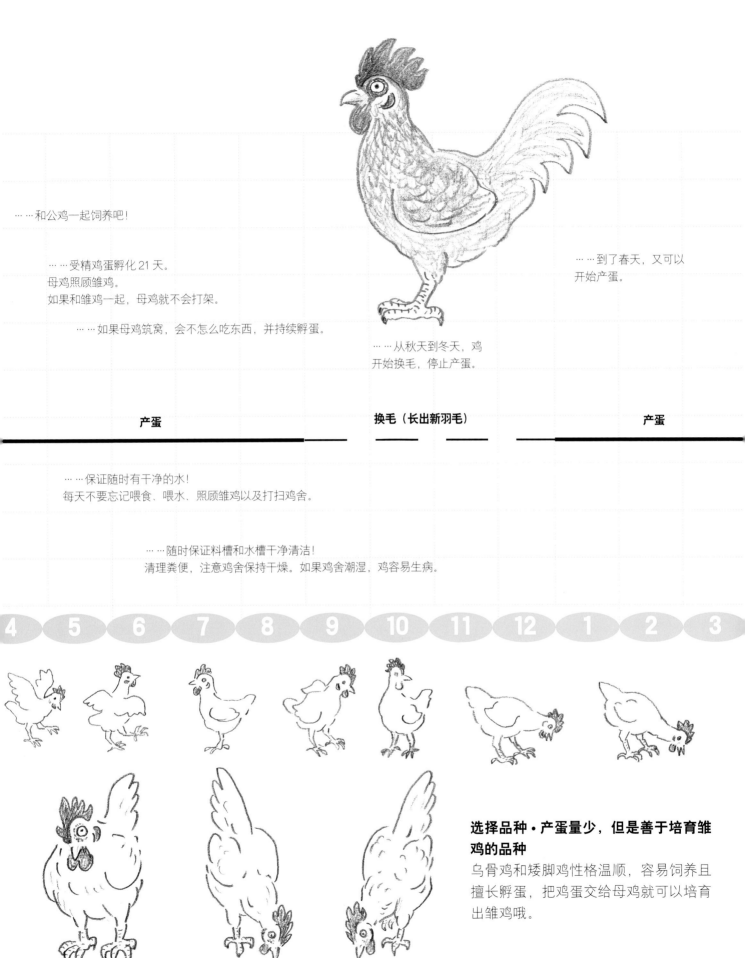

……和公鸡一起饲养吧！

……受精鸡蛋孵化 21 天。
母鸡照顾雏鸡。
如果和雏鸡一起，母鸡就不会打架。

……如果母鸡筑窝，会不怎么吃东西，并持续孵蛋。

……到了春天，又可以开始产蛋。

……从秋天到冬天，鸡开始换毛，停止产蛋。

产蛋 | **换毛（长出新羽毛）** | **产蛋**

……保证随时有干净的水！
每天不要忘记喂食、喂水、照顾雏鸡以及打扫鸡舍。

……随时保证料槽和水槽干净清洁！
清理粪便，注意鸡舍保持干燥。如果鸡舍潮湿，鸡容易生病。

4 5 6 7 8 9 10 11 12 1 2 3

选择品种·产蛋量少，但是善于培育雏鸡的品种

乌骨鸡和矮脚鸡性格温顺，容易饲养且擅长孵蛋，把鸡蛋交给母鸡就可以培育出雏鸡哦。

7 将雏鸡培育成鸡!

刚刚孵化出的雏鸡调节体温的能力很弱。

如果可以，把照顾雏鸡的事情交给母鸡是最佳的选择。但是你也可以代替母鸡，去尝试培育雏鸡。为了不让鸡生病，和兽医联系给鸡接种疫苗吧。那么，你已经做好照顾雏鸡的心理准备了吗?

培育雏鸡的箱子叫做育雏箱。

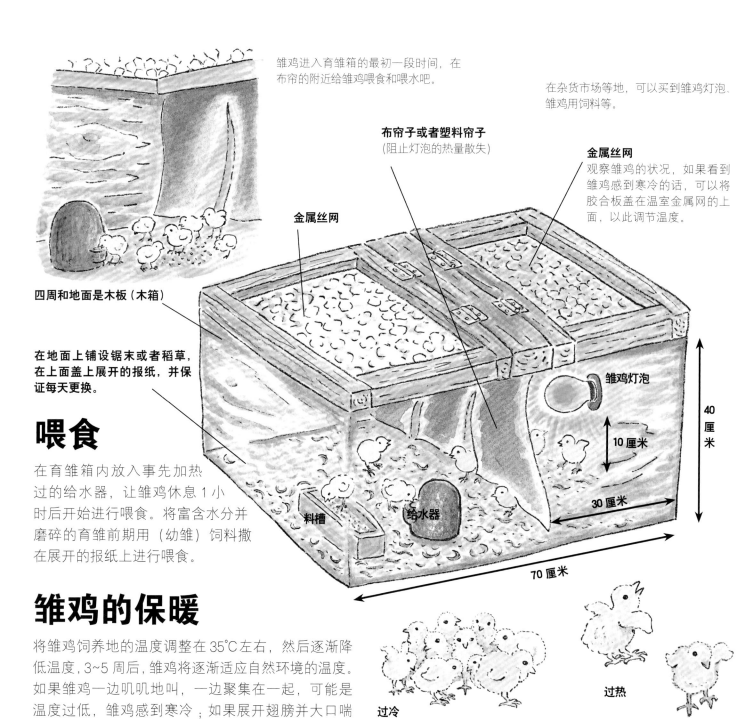

雏鸡进入育雏箱的最初一段时间，在布帘的附近给雏鸡喂食和喂水吧。

在杂货市场等地，可以买到雏鸡灯泡、雏鸡用饲料等。

布帘子或者塑料帘子
(阻止灯泡的热量散失)

金属丝网

金属丝网
观察雏鸡的状况，如果看到雏鸡感到寒冷的话，可以将胶合板盖在温室金属网的上面，以此调节温度。

四周和地面是木板（木箱）

在地面上铺设锯末或者稻草，在上面盖上展开的报纸，并保证每天更换。

雏鸡灯泡

40厘米

10厘米

30厘米

料槽

给水器

70厘米

喂食

在育雏箱内放入事先加热过的给水器，让雏鸡休息1小时后开始进行喂食。将富含水分并磨碎的育雏前期用（幼雏）饲料撒在展开的报纸上进行喂食。

雏鸡的保暖

将雏鸡饲养地的温度调整在35℃左右，然后逐渐降低温度，3~5周后，雏鸡将逐渐适应自然环境的温度。如果雏鸡一边叽叽地叫，一边聚集在一起，可能是温度过低，雏鸡感到寒冷;如果展开翅膀并大口喘气的话，说明雏鸡因温度过高感到炎热;如果温度适宜，雏鸡会悠哉地睡觉，或者轻松愉快地嬉戏。

过冷

过热

更换饲料

通常喂食混合饲料。产蛋前喂食育雏饲料，前6周喂食前期用饲料，之后喂后期用饲料。产蛋后更换为成年鸡用饲料。

在鸡舍内饲养

如果将在育雏箱内饲养了3~4周的雏鸡移到已经有鸡在饲养的鸡舍内，会受到原来的鸡的欺负，所以应将雏鸡放入基本如新的鸡舍或者饲养箱内。如果没有找到能够收养原来养的鸡的人，或者鸡舍打扫得比较晚也不要慌张，雏鸡在育雏箱内可以一直养到三个月大左右。

老母鸡 抚养雏鸡的 母鸡育雏

孵化出的雏鸡表现得很成熟，出生后1~2天，就可以非常可爱、精神饱满地走到巢箱外面。一起生活的老母鸡会为雏鸡喂食，并照顾雏鸡的生活。雏鸡如果感到寒冷，会钻到老母鸡的肚子下取暖。像这样通过老母鸡抚养的雏鸡，不会受到鸡舍里面其他鸡的欺负，可以这样一直和老母鸡生活在一起。

开始孵蛋后，培育雏鸡的各种方法

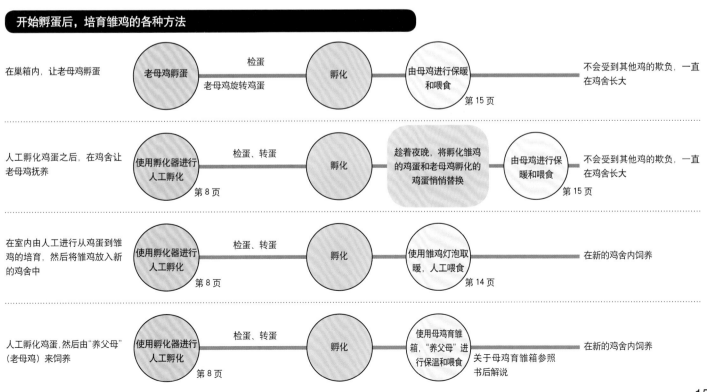

在巢箱内，让老母鸡孵蛋	老母鸡孵蛋	检蛋 老母鸡旋转鸡蛋	孵化	由母鸡进行保暖和喂食 第15页	不会受到其他鸡的欺负，一直在鸡舍长大
人工孵化鸡蛋之后，在鸡舍让老母鸡抚养	使用孵化器进行人工孵化 第8页	检蛋、转蛋	孵化	趁着夜晚，将孵化雏鸡的鸡蛋和老母鸡孵化的鸡蛋悄悄替换	由母鸡进行保暖和喂食 第15页	不会受到其他鸡的欺负，一直在鸡舍长大
在室内由人工进行从鸡蛋到雏鸡的培育，然后将雏鸡放入新的鸡舍中	使用孵化器进行人工孵化 第8页	检蛋、转蛋	孵化	使用雏鸡灯泡取暖，人工喂食 第14页	在新的鸡舍内饲养
人工孵化鸡蛋，然后由"养父母"（老母鸡）来饲养	使用孵化器进行人工孵化 第8页	检蛋、转蛋	孵化	使用母鸡育雏箱，"养父母"进行保温和喂食 关于母鸡育雏箱参照书后解说	在新的鸡舍内饲养

8 在这样的鸡舍饲养鸡！

啊，终于可以尝试在鸡舍内饲养了。鸡非常喜欢干净。

为了能够让鸡健康成长，注意鸡舍不要有味道、灰尘和苍蝇等，随时清扫鸡舍以保持干净。在鸡舍的周围种上花草和树木，给鸡和人构建一个舒畅的环境。

最好每天和鸡打招呼，观察它们是否精神饱满、是否产蛋，关爱地饲养是最佳的方式。

选择**东南朝向**

搭建鸡舍

选择东南朝向或者南向搭建鸡舍，这是为了不让鸡舍受到夕阳的照射。最好不要让强烈的日光直射鸡舍，保持鸡舍的通风。在鸡舍的周围建造阴凉处，最好配有有落叶的树木。想办法保证鸡有躲雨避风的地方。为了不让寒风吹进鸡舍北侧，可给鸡舍装钉上木板。

地面最好是混凝土

鸡喜欢干净。尽管有的农民会选择放养的形式，或者在土坯房内饲养，但如果是第一次在狭小的鸡舍饲养的话，鸡舍的地面最好选择混凝土材料，并在上面铺设可以吸收粪便及水分的锯末、稻草或者沙子等。每年应数次整体清理铺设的锯末等物，用水清洗地面上的污垢，干燥后，再次铺上干净的、新的锯末等。

拉上不让**麻雀**进入的纱网

不仅要防止会袭击鸡的狗或者猫进入鸡舍，还要防止麻雀进入，麻雀等野鸟携带的疾病会传染给鸡。此外，在距离地面 45 厘米左右高度的地方围上木板，可以防风。

如果喂食**青菜**、米饭和小麦等

将青菜、米饭等放入新的容器内（区别开混合饲料），在食物没有腐败之前收拾好吃剩下的饲料。

不间断供应**干净的水**

和人类不同，鸡不会流汗，所以炎热的夏天，鸡会努力地旋转眼珠。市场上可以买到用塑料或者陶瓷制成的自动给水器，在给水器的水罐中装满水，水罐中的水就会不断地流到水盘中供鸡饮用。如图所示，也可以使用塑料瓶或者易拉罐等制作给水器。每天早晚更换干净的水，为了保证给鸡源源不断地供应干净的水，可以换用其他任何容器进行喂水。

陶瓷自动给水器

手工给水器

不间断喂料器

根据鸡的体型大小，试着制作一个可以自由调节的喂料器吧！

从这里吃食。如果饲料量变少，会从上面自动流出饲料。

为了让鸡自由食用**混合饲料**

即使一次性地大量投喂，鸡也不会过量食用。所以为了随时能够吃到饲料，可以使用自动供应饲料的不间断喂料器。最初也可以使用装曲奇饼干的空罐子。如果鸡一边摇头，一边吃食的话，饲料会掉出来，所以可如图所示在料槽上进行分割。饲料渗入水分后会很快腐坏，需要充分注意。

9 来吧，一起拣鸡蛋！

如果母鸡开始产蛋了才开始问"喂，该怎么办呢？"，这样就太晚啦。

在母鸡开始产蛋前，需要提前做各种准备。

如果母鸡和公鸡健康地生活在一起，那么产下的鸡蛋就可能会孵化出雏鸡。产蛋后，尝试让母鸡孵蛋，或者使用孵化器进行孵化吧。

产蛋箱还是巢箱？

根据母鸡数量的多少以及用于孵化雏鸡还是拣鸡蛋等用途或者数量的不同，需要充分考虑，然后选择使用产蛋箱还是巢箱。

在心神平静的地方产蛋吧

像在鸡舍一样宽敞的地方，母鸡习惯在角落产蛋。因为大家会在相同的地点产蛋，所以在母鸡数量较多的情况下，会出现相互重叠挤压致死的情况。而且，鸡在产蛋时，有可能会出现被啄食肛门而死亡的情况。注意不要让鸡养成啄食的坏习惯（详细参考书后解说）。为了让母鸡产蛋，最好有一个安静、昏暗的地方。如果能够搭建一个如图所示的产蛋的设施最为合适。但是，和图上不同也完全没有关系。人类需要认真考虑一下对于鸡来说，什么东西是最重要的。

为了便于拣鸡蛋的产蛋设施

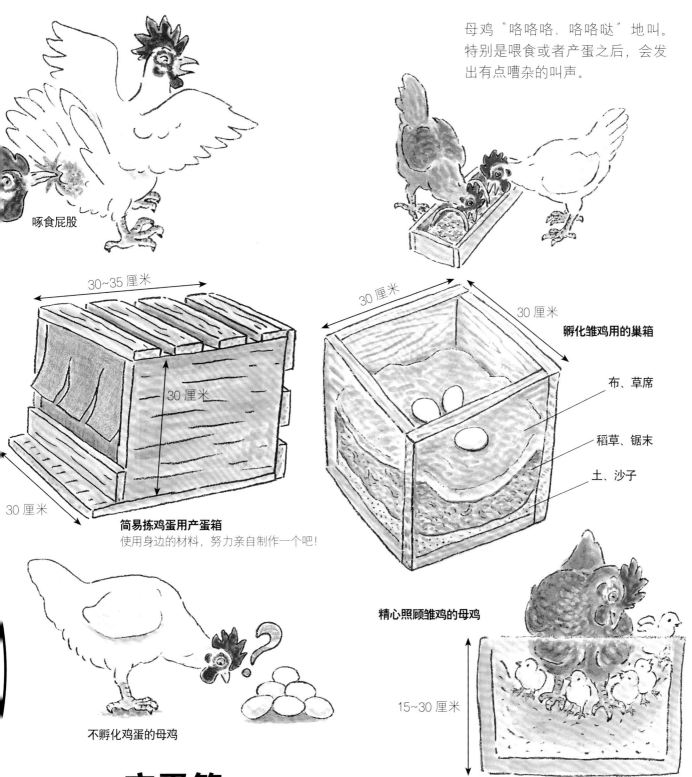

啄食屁股

母鸡"咯咯咯、咯咯哒"地叫。特别是喂食或者产蛋之后，会发出有点嘈杂的叫声。

30~35 厘米

30 厘米

30 厘米

简易拣鸡蛋用产蛋箱
使用身边的材料，努力亲自制作一个吧！

30 厘米

30 厘米

孵化雏鸡用的巢箱

布、草席

稻草、锯末

土、沙子

精心照顾雏鸡的母鸡

15~30 厘米

不孵化鸡蛋的母鸡

拣鸡蛋用的产蛋箱

如上面左图所示，准备一个适合母鸡产蛋的地方。上图所示的产蛋箱制作更加简单。为了避免在入口处产下的鸡蛋滚落，应安装防止掉落的木板，而且为了避免母鸡产蛋时受到影响，最好安装上帘子。可以重叠摆放数个宽 30 厘米×高 30 厘米×深 35 厘米的木箱。饲养多只鸡的时候，每 3~4 只鸡准备 1 个产蛋箱。在产蛋箱里面放入锯末、稻草、草席等，可防止鸡蛋破碎。

孵化雏鸡用的巢箱

使用宽约 30 厘米、深 15~30 厘米的木箱，在箱子里放上土壤，并在土壤上面铺上锯末、稻草或者在表面铺上很多的布和草席等，中心做出稍微的凹陷，这样巢箱就做成了。为了让鸡更加心神平静，最好将巢箱放在光线较暗、且人们很少通过的安静地方。

10 这时该怎么办？

一直都精神饱满的鸡和人类一样，偶尔也会生病。

尽管鸡不能说话，但是如果每天精心照顾它们的话，就会了解它们想要什么。观察鸡的身体状况是否异常，粪便的硬度和颜色如何，叫声如何，鸡冠颜色是否和平时一样等。

为了尽早发现鸡的身体有不舒服的情况，请一直精心照顾它们，并注意观察吧。

如果感觉鸡有任何奇怪的状况，请立即联系兽医吧！

（关于疫苗和疾病的详细说明，请参考书后解说。）

粪便呈现健康状况

如果经常看到的黑色或者茶色粪便中掺杂着白色粪便的话，大可放心。但是如果粪便中掺杂着血或肉一样的东西，或呈现绿色的话，就需要注意了。鸡如果出现腹泻的情况，可能表明身体状况不好，赶快联系兽医吧。

疫苗，预防疾病

鸡会患上各种各样的疾病。其中，新城疫、蚊子传染的鸡痘等疾病传染力强，致死率高。所以，在还是雏鸡的时候，一定要尽早给鸡接种疫苗。和兽医充分沟通之后进行接种吧。

喵～喵

叫声奇怪

如果发出"咕噜咕噜""喵喵""咳咳""呼呼"等奇怪的叫声时，鸡可能患上了呼吸系统疾病。白天过分嘈杂可能听不到，但是到了傍晚安静的时候就会听得很清楚。

状态或者样子奇怪

如果鸡的羽毛竖起、身体缩成一团，好像很冷的样子，脚好像麻痹或者肿胀似的，鸡冠发白、泛红或发黑，肚子胀气……即使稍微觉得状态奇怪，也要立即联系兽医。最好从巢箱内将鸡赶出来，放在其他的笼子里观察状态。

为了不生病

随时保持鸡舍的清洁。每天更换饲料和饮用水。食槽和水槽附近特别容易变脏，需要充分注意。出现蜘蛛网或者布满粪便的地方要彻底清扫，然后更换新的锯末等铺在地面上。每年至少要将鸡从鸡舍中赶出一次，清扫鸡舍内外的污垢，然后用水清洗。保证鸡健康的基础就是保证清洁饲养。

11 与鸡一起玩耍吧!

饲养鸡是很辛苦的工作，请尝试观察鸡的生活方式、生活习性以及它们是否能够报时等。如果母鸡吃不同的饲料，蛋黄的颜色会有什么改变？什么饲料适合用来让鸡蛋着色？自己亲自做做实验吧。

抱起鸡的诀窍

如果抓住翅膀提起的话，会使较长的羽毛脱落并可能发生骨折。应将鸡紧紧贴近身体双手抱起，同时轻轻地抓住鸡的两只脚，可以防止鸡乱飞或从双臂间挣脱。

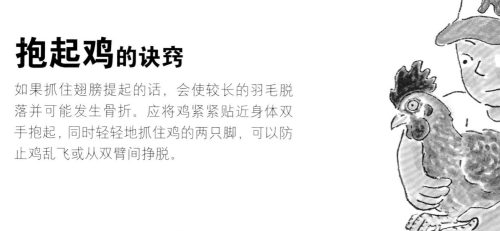

正确的抱法

笨拙的抱法

抓住逃走的鸡

鸡逃走了，哎呀，该怎么办呢？无论怎么追赶，在校园等宽敞的地方都很难抓到。这时，两人或多人一边伸开双手，一边将鸡赶到栅栏或者建筑物的角落。哎，能够成功抓到吗？

寻找**双黄**蛋吧

你见过有两个蛋黄的鸡蛋吗？这就是双黄蛋。雏鸡不断成长，刚刚开始产蛋时，经常会产下双黄蛋。大家注意一下就一定会发现，因为双黄蛋的个头比较大。母鸡年轻时下的鸡蛋比较小，随着年龄的增长，鸡蛋也会变大。可以称一下鸡蛋的重量，在表格中记录每月的变化。

喂什么样的饲料

可以改变鸡蛋的颜色呢？

母鸡自身不能合成蛋黄的色素。在饲料中含有一种叫做类胡萝卜素的色素会让蛋黄改变颜色。如果持续喂食小松菜、甘蓝、萝卜叶、胡萝卜、辣椒、辣椒粉、橘子、番茄、西瓜以及虾和螃蟹壳等饲料，蛋黄会变成什么颜色呢？喂食新鲜的食物或干燥的食物又会有什么不同呢？这些食材可以和混合饲料一起喂食，也可以单独喂食。从开始喂食不同饲料的第二天开始，调查一下蛋黄的颜色吧。用铅笔在蛋壳上写下产蛋日并放在冰箱保存，日后一起打碎，对比蛋黄的颜色。将煮鸡蛋切成薄片，试着观察直到了解蛋黄正中心的颜色（详细参考书后解说）。

脱色（大米）　　胡萝卜（根部）　　胡萝卜（茎叶）

喂食不同的饲料，蛋黄会变色

12 鸡蛋的实验

如果每天都能拣到鸡蛋是非常难得的，尝试用这些鸡蛋做实验吧。

鸡蛋的形状不仅美观，而且非常结实。

但是，鸡蛋如果仅仅是结实的话，雏鸡就不会破壳而出。鸡蛋具有在里面使用尖锐的东西戳一下立即就会裂开的特征。为了让雏鸡能够呼吸，空气可以穿过蛋壳。为了保护蛋黄不受病菌感染，蛋白具有杀菌作用。实际上，在鸡蛋中隐藏了许多非常厉害的构造哦。

尝试使用鸡蛋的蛋壳制作各种各样的装饰品或者玩偶吧~

产生泡沫的鸡蛋

试着用热水煮刚刚产下的鸡蛋，可以看到从蛋壳中会生出很多细小的气泡。这是因为蛋壳上有很多小孔，空气可以从这些小孔透过。那么如果是存放了一段时间的鸡蛋，用热水煮的话会怎么样呢？试着去验证一下吧。

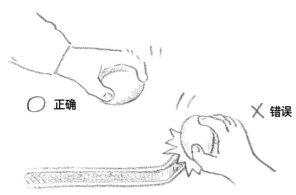

成功的剥鸡蛋方法。

不从尖尖的两端，而从平坦的地方开始剥一下试试。

强壮的鸡蛋

如果撞击蛋壳，蛋壳很易碎，但是蛋壳非常抗压。如右图所示，四枚生鸡蛋可以承受多大的重量呢？亲自去验证一下吧。

难剥壳的煮鸡蛋

如果不能顺利剥下煮鸡蛋的壳，比如蛋壳上会粘着蛋白，这和鸡蛋的新鲜程度有关。产蛋日当天、第2天、第3天，尝试用水煮存放天数不同的鸡蛋，对比一下结果有何不同。

软木或者硬海绵等

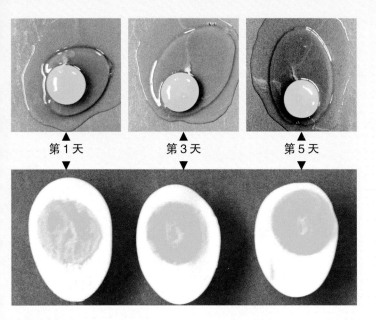

第1天　　　第3天　　　第5天

保存地点哪里最好？

长时间保存的鸡蛋，蛋黄和蛋白会比较松弛。什么温度保存鸡蛋最适合？分别在冰箱和房间内保存鸡蛋，分别观察每天鸡蛋的变化。左边的照片是在 25~28℃ 条件下，分别放置 1 天、3 天和 5 天的鸡蛋的新鲜状态和水煮后的状态。有什么不同吗？

不打破鸡蛋就能判断
是煮鸡蛋还是生鸡蛋

试着将鸡蛋沿着横向旋转。不能顺利旋转的就是生鸡蛋，能像陀螺一样旋转的就是煮熟的鸡蛋。

无壳鸡蛋

如果将鸡蛋长时间浸泡在醋中，蛋壳会融化变成软乎乎的鸡蛋。在浸泡过程中，醋需要更换一次。

用蛋壳标本制作香包

尝试使用鸡蛋的蛋壳，制作各种各样的装饰品或者玩偶吧。你自己也来尝试进行创意吧。

鸡蛋标本

1. 使用锥子等在蛋壳上钻开小孔。

2. 使用铁丝掏出鸡蛋的内容物。将鸡蛋在室温下放置一周时间，蛋里的内容物松动之后，更加容易制作。尽管不会十分美观，但如果上下各钻开一个孔更容易取出内容物。

3. 用水清洗蛋壳内部后进行干燥处理，在蛋壳外面画上图案或者纹理，涂上清漆后，制作完成！如果是你，会在蛋壳上画什么图案呢？

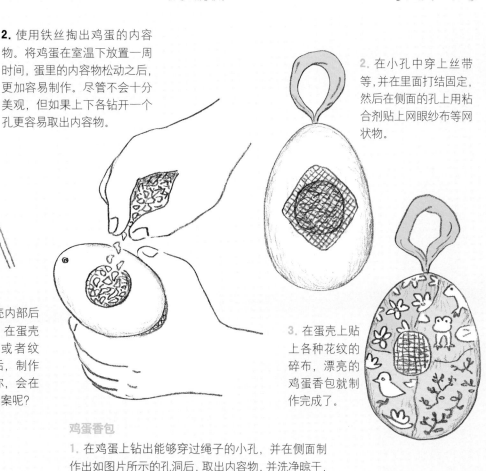

2. 在小孔中穿上丝带等，并在里面打结固定，然后在侧面的孔上用粘合剂贴上网眼纱布等网状物。

3. 在蛋壳上贴上各种花纹的碎布，漂亮的鸡蛋香包就制作完成了。

鸡蛋香包

1. 在鸡蛋上钻出能够穿过绳子的小孔，并在侧面制作出如图片所示的孔洞后，取出内容物，并洗净晾干，最后在里面塞入玫瑰或者薰衣草等香草。

13 煮鸡蛋、煎荷包蛋和温泉鸡蛋等

煮鸡蛋和温泉鸡蛋是任何人都可以制作的简单菜肴，但是要真正煮出合乎喜好的硬度的鸡蛋是非常困难的，难点在于控制温度和时间。蛋黄和蛋白凝固的时间不同，由此可以制作出蛋黄凝固但是蛋白半熟的鸡蛋，以及蛋白凝固蛋黄半熟的鸡蛋。
尽管很简单，你也来挑战制作丰富的鸡蛋菜肴吧。

温泉　　嗯?　　温泉鸡蛋

蛋白半熟
蛋黄凝固

制作**煮鸡蛋**吧！

开大火，用水煮新鲜的鸡蛋。从冰箱拿出很凉的鸡蛋放入热水中，会出现裂纹，蛋白会冒出来。如果出现裂纹，加入盐或者醋，这样，鸡蛋内的物质就不会流出来了。
半熟之一：蛋黄黏稠。水沸腾后再加热 3~5 分钟。
半熟之二：蛋黄黏滑。水沸腾后再加热 7~8 分钟。
全熟：蛋黄干巴巴。水沸腾后再加热 12 分钟后，变为全熟。

带**黑色**的蛋黄

蛋黄从中心位置脱离跑向一端，水煮 15 分钟以上的话会出现带黑色的蛋黄。

温泉鸡蛋

蛋白没有完全凝固富有弹性，但是蛋黄已变硬，这就是温泉鸡蛋。温泉鸡蛋就是利用蛋黄比蛋白可以在更低温度凝固的性质制作而成的。在 65~70℃ 的热水中，煮 25 分钟左右，美味的温泉鸡蛋就做好了。

温度不同，凝固的方法也不同

蛋黄和蛋白的凝固温度不同。蛋黄大概在 65~70℃ 时凝固。但是，蛋白从 60℃ 左右逐渐开始凝固，到 70℃ 时几乎凝固，80℃ 时完全凝固。通过调整温度和时间，可以做出各种不同的煮鸡蛋。

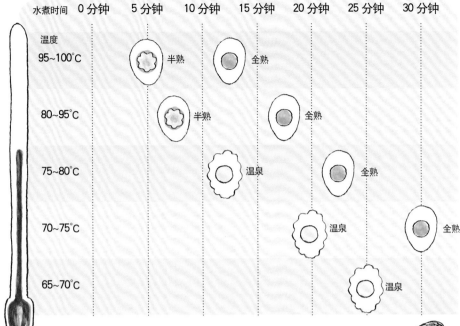

水煮时间	0 分钟	5 分钟	10 分钟	15 分钟	20 分钟	25 分钟	30 分钟
温度							
95~100℃		半熟	全熟				
80~95℃			半熟	全熟			
75~80℃				温泉	全熟		
70~75℃					温泉	全熟	
65~70℃						温泉	

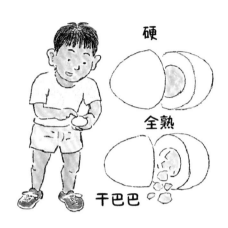

硬

全熟

干巴巴

咯咯，这是味美的吃法哦。

用蛋白和蛋黄制作点心！
雪花羊羹

（原料）

雪花羊羹： 琼胶 1 条、砂糖 150 克、蛋白 2 个、砂糖 3 大勺、喜欢的水果（根据自己的喜好选择）。

蛋奶沙司： 蛋黄 2 个、砂糖 30 克、小麦粉 1 大勺、牛奶 1 杯、香草精华适量。

1. 充分清洗琼胶，用力挤掉水分，切碎后浸泡在 300 毫升的水中，开中火将其煮到融化。完全融化后，加入 150 克砂糖，直到能够稍微拉丝，煮干后用筛子过滤。

2. 在干燥的碗内，放入 2 个蛋白，打发后拌入 3 大勺砂糖，然后再次打发。向里面逐步放入步骤 1 中的琼胶液体，然后再用打蛋器充分搅拌。

3. 将草莓、猕猴桃和橘子等自己喜欢的水果切碎后加入在碗里，然后放入润湿的饭盒中让其冷却成型。

4. 制作蛋奶沙司。将 2 个蛋黄、30 克砂糖、1 大勺的小麦粉放在一起搅拌，然后逐渐加入 1 杯近似人体温度的牛奶，一边搅拌，一边开小火加热。冷却后，滴入 2~3 滴香草精华。

5. 将冷却后的步骤 3 的水果切成适当的大小，然后浇上步骤 4 中制作的蛋奶沙司。美味的雪花羊羹便制作完成了。

14 与鸡一起生活的好方法

鸡是第一种在和人类一起生活的过程中生存下来的生物。如果你不在乎身边的其他生物，你也很难生存下去。所以为了让鸡更加舒适地生活，应该充分注意关心它们。尽管是理所应当的事情，但是鸡会产生粪便，发出吵闹的声音，偶尔还会生病死亡，如果只剩一只，有时需要重新购买雏鸡并放入鸡舍。好不容易与鸡成为朋友，但是又不得不面对死亡的分离。遇到这些情况，我们该做些什么呢？

粪便的量有多少

体重2千克左右的母鸡，每天能吃掉100~120克的混合饲料，产生140克左右的粪便。粪便中含有大量的水分，粪便中白色的部分是尿液，通常尿液中约75%都是水分。夏季，鸡充分饮水，尿液中的水分会达到80%以上。如果去除掉水分，粪便会变成30~35克的固体。一年间母鸡会吃掉42千克饲料，产生12千克左右的粪便。

粪便的清理

鸡的粪便能够变成非常好的肥料。晾干之后便没有味道，而且能够长期保存。掺杂着锯末或者稻草的粪便长期堆积的话，经过自然发酵后会成为很好的肥料。如果量少的话，堆粪不会发热。过分干燥也不好，所以需浇上适量的水，使其保持适当的湿度。每周将其上下面进行一次反转（转换），让空气进入其中。在制作堆肥的容器中，可以掺入蔬菜渣等厨余垃圾。

小喔喔

变成了仅有一只

如果长时间饲养的话，最后会只剩下一只鸡。这时，人们会有"非常可怜，再购买一只鸡"的想法，但是不要将新买回的鸡和原有的鸡混合饲养。鸡喜欢打架，并按照能力的强弱决定地位，所以如果将其混合饲养会发生打架甚至死亡的情况。应将其分别饲养，或者寻找能够收养的人。饲养生物时，一定不要忘记照顾这个生命，心怀觉悟和责任地饲养吧！

变得不能产蛋

在以前，如果饲养的鸡不产蛋，就会被宰杀吃掉。现在还有人自己宰杀鸡，取肉食用。考虑到卫生问题，将鸡送到家禽处理厂统一进行处理会更符合卫生检疫要求。

死亡

与鸡痛苦的分别不知道什么时候会到来。已经成为朋友的鸡去世了，尽管我们很悲痛，但是生物总要面对死亡。把鸡埋在土中，让它回归自然吧。

叫声有些吵

公鸡从深夜开始报时。饲养前要选择一个不会给周围造成麻烦的地方建造鸡舍，或者种植树木来隔音。然后询问住在附近的人是否睡眠不足，或者和大家一起分享鸡蛋，寻求理解的同时，进行友好的交流。

鸡蛋非常美味，但是也不能浪费粪便哦

15 鸡的来源

生活在日本的鸡，其祖先也是原鸡。在东南亚或者印度经过驯化后，经过中国和朝鲜半岛，或者沿着南面的岛屿，在距今约 2000 年前的弥生时代传入了日本。

它们开始在日本各地定居，成为具有该地区特色的土鸡。

现在，不论是肉鸡还是蛋鸡，世界上任何国家都使用相同的品种。

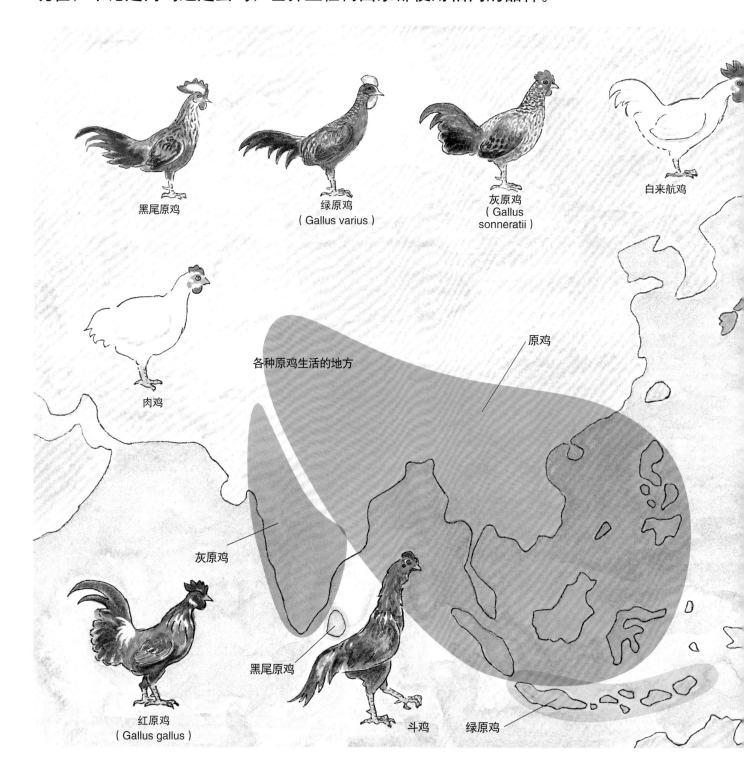

黑尾原鸡

绿原鸡
（Gallus varius）

灰原鸡
（Gallus sonneratii）

白来航鸡

肉鸡

各种原鸡生活的地方

原鸡

灰原鸡

红原鸡
（Gallus gallus）

黑尾原鸡

斗鸡

绿原鸡

日本培育的鸡

日本在江户时代（1603—1867）培育了许多观赏用的独特的鸡。其中也有一些品种被带到了国外，如叫做"横滨"的长尾鸡，叫做"日本矮脚鸡""小军鸡矮脚鸡""大和斗鸡"的矮脚鸡等，这些鸡都以地名或国名命名。

矮脚鸡

乌骨鸡

土鸡

小国鸡

武士养鸡

据说，日本历史上镰仓幕府和德川幕府鼓励武士养鸡卖鸡蛋来作为副业。但是到了江户时代，鸡蛋变为了贵重物品，像药品一样受到特殊青睐。明治维新之后，失去职业的武士们开始养鸡，这样养鸡业就不断发展，形成了规模。

1 个人有 1.2 只鸡

日本饲养着 1.4 亿只产蛋鸡，换算一下每个日本人都有一只以上专属于自己的鸡。每人每年会吃掉约 330 个鸡蛋，每人每年消耗 11 千克鸡肉，相当于每人吃 8 只左右的肉鸡（肉用鸡）。

用于养鸡事业的鸡的种类

世界上首次将鸡改良为适合蛋用或者肉用的品种是从 19 世纪后半期开始的，到现在仅经过了 150 年左右。尽管之前也用于吃蛋或者吃肉，但原本作为庭院里的家禽，养鸡的主要目的是用于斗鸡、报时以及欣赏。培育出肉用的专用品种，也是近 50 年的事情。1960 年左右，使用金属丝网笼子养鸡和饲养肉鸡变得普遍，经过数十年发展成了养鸡产业。

详解鸡

转蛋

1. 鸡是院子中的家禽，报时的家禽（2~3 页）

很长时间以来，人类家庭中有饲养公鸡和母鸡各一只（雌雄一对）的习惯。16 世纪中叶，来到日本的葡萄牙人 J·阿尔瓦雷斯在《日本报告》中提到过这个习惯，并分析其理由称："我看到的仅是饲养鸡。他们（日本人）并不吃家禽。"

据说，日本从江户时代才开始正常食用鸡蛋和鸡肉。但是，那时和家鸡相比，捕捉并食用雁鸭类或者野鸡等情况较多。日本进入明治时期后，才逐渐养成饲养雌雄一对鸡的习惯。

2. 先有鸡，还是先有蛋？（4~5 页）

被称作红原鸡（也就是原鸡）的野鸡，现在还生活在印度到东南亚之间的宽广地区。在红原鸡、灰原鸡、黑尾原鸡和绿原鸡中，红原鸡被认为是最接近家鸡的物种。野鸡如果遇到其他动物，具有一战到底的天性，"斗鸡"正是利用了该特点。沉迷斗鸡的人，培育出善于搏斗的鸡，这在驯化野鸡的进程中起着重要的作用。

3. 鸡蛋是如何形成的？（6~7 页）

打破鸡蛋，经常可以看到在蛋黄上面有发白的部分，这叫做胎盘，也就是能够变为雏鸡的部分。在包裹着蛋黄的薄膜下面，胎盘和内容物可以一起自由转动。胎盘和周围物质相比，密度较小，所以能够转向上方。

将蛋黄拉向两端的白色带子状的物质叫做卵黄系带。卵黄系带是黏性极强的蛋白，富含一种叫做溶菌酶的杀菌酶，包裹并保护着蛋黄。白色带子与黏稠的浓稠蛋白连接，维持蛋黄在正中心位置。

能够孵化出雏鸡的鸡蛋为受精鸡蛋，但是也有胎盘没有受精的情况。不管是受精鸡蛋还是未受精鸡蛋，鸡蛋形成的机制都是一样的。

4. 一起尝试孵化鸡蛋吧！（8~9 页）

孵化鸡蛋的方法有两种。一种是在巢箱内产下的受精鸡蛋（种蛋），原封不动让老母鸡进行孵化。母鸡抱着鸡蛋，不太吃饲料，保持着趴下不动的状态，这叫做"抱窝"。自古以来，鸡就具有抱窝的天性，特别是矮脚鸡和乌骨鸡抱窝天性极强，所以适合作为孵蛋鸡。但是，斗鸡或者经过改良的鸡也有不会抱窝的情况。孵化鸡蛋还有一种方法就是随时捡起在巢箱产下的种蛋，然后使用孵化器孵化雏鸡。

如果捡走鸡蛋，母鸡就不会出现抱窝反应，会继续产蛋，这样可以得到大量的鸡蛋，而且使用孵化器孵化没有抱窝的种蛋也可以孵化出雏鸡。

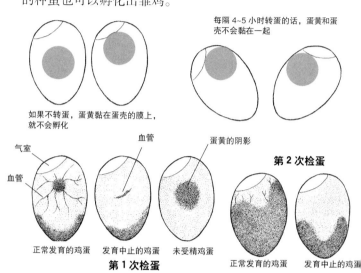

每隔 4~5 小时转蛋的话，蛋黄和蛋壳不会黏在一起

如果不转蛋，蛋黄黏在蛋壳的膜上，就不会孵化

气室

血管

血管 蛋黄的阴影

第 2 次检蛋

正常发育的鸡蛋 发育中止的鸡蛋 未受精鸡蛋 正常发育的鸡蛋 发育中止的鸡蛋

第 1 次检蛋

用 1 周左右的时间积攒种蛋，然后可以一次性放入孵化器中进行孵化。放于温度 10~15℃、湿度 70%~90% 的环境下，将种蛋的圆头朝上，尖头朝下，直立保存。使用铁丝边框或者纸箱进行隔离。如果放在冰箱中，种蛋会死亡。如需购买小型孵化器，请咨询联系专业的孵卵器研究所或者销售机构。

6. 饲养日历（12~13 页）

为了让雏鸡在鸡舍能够同原来的鸡一起饲养，可在巢箱内让母鸡将其孵化，然后母鸡会顺其自然地照顾这些雏鸡。或者，夜间从鸡窝抱窝的母鸡怀中，悄悄放回刚刚孵化出的雏鸡，再拿走正在孵化的鸡蛋。母鸡会认为这是自己的雏鸡，成为这些雏鸡的"养父母"。1 只母鸡可以同时照顾10~15 只雏鸡。使用孵化器孵化的雏鸡，可以选择人工饲养。此外，还可选择将其他老母鸡放入育雏箱照顾雏鸡的方法。如果将离开鸡舍饲养的雏鸡放回原有的鸡群中的话，会发生激烈的纠纷，所以应该尽量避免这种情况的发生。

7. 将雏鸡培育成鸡！（14~15 页）

为育雏箱取暖，可以使用带有加热电热线的雏鸡灯泡（有时销售名称为保温灯泡），也可以使用普通的灯泡。与观察温度计相比，更应该注意观察雏鸡的状态。如果雏鸡感到寒冷，可用胶合板盖住整个育雏箱，或者盖上塑料布。如果环境太热，不适合将雏鸡群养。

如果认为在箱子的侧面安装雏鸡灯泡太麻烦的话，也可以将灯泡吊装在育雏箱上面。注意：悬挂的电线不能打结或者一圈一圈地缠绕，如果电线聚集热量，有自燃的危险。

在鸡舍的巢箱孵化的雏鸡，不喂水和饲料，和母鸡一起生活 1~2 天后，雏鸡会一起走到巢箱外。雏鸡会围着母鸡转，然后母鸡会给雏鸡喂食。特别是当雏鸡刚出生不久时，如果有从巢箱飞出的雏鸡，应将它们再放回巢箱内。

在专用箱子内利用母鸡育雏：将具有抱窝培育雏鸡经验的 2~3 岁的母鸡移到育雏箱内，让其孵蛋。再一次确认抱窝后，用刚刚孵化出的雏鸡替换原有的鸡蛋。

雏鸡出生后，辨别是公鸡还是母鸡吧。观察刚刚孵化出来的雏鸡的肛门，有小小突起的是公鸡，没有突起的是母鸡，这种判断方法叫做肛门鉴别法。如果自己不能辨别雏鸡是公鸡还是母鸡的话，在育雏箱饲养一段时间以后，可以通过观察雏鸡的体型或者鸡冠的生长方式等进行辨别。公鸡的体型大，而且鸡冠长得也比较大。

8. 在这样的鸡舍饲养鸡！（16~17 页）

说起来，鸡的抗热能力弱，但是抗寒能力强。不过鸡不喜欢"贼风"，所以在从地面到 45 厘米高的地方的四周围上木板吧。如果有木板，也可以防止狗和猫等外敌袭击鸡。若要搭建一个北风吹不到、光线稍暗且能够安心产蛋的地方，可在鸡舍的后面全部钉上木板。

给水器或者饲料容器的周围容易潮湿，也容易堆积粪便。随时保持这些地方的清洁、干爽的状态吧。通常，鸡的粪便的含水量为 75% 左右，夏季，鸡大量喝水来调节体温，所以从梅雨季节开始，夏季鸡的粪便变得像水一样。应在鸡舍铺上吸水性好的锯末、稻草或者沙子，脏了之后要进行更换。

如果没有建造鸡舍的场地，也可以将鸡放在饲养箱内饲养。像矮脚鸡或者乌骨鸡这样的小型鸡可以放在宽和深为 1 米左右、高 70 厘米、前面安装纱网的饲养箱内饲养。横向可以排列多个这样的饲养箱，然后纵向排列 2 层或者 3 层。在饲养箱内铺上报纸并应保证每天更换；或者可以在地面上使用带有 1 厘米左右网眼的金属丝网，让粪便能够自动

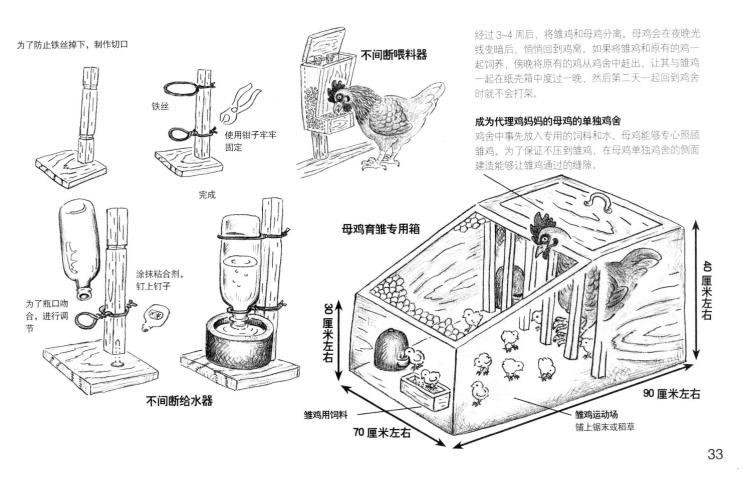

为了防止铁丝掉下，制作切口

铁丝

使用钳子牢牢固定

完成

涂抹粘合剂，钉上钉子

为了瓶口吻合，进行调节

不间断给水器

不间断喂料器

经过 3~4 周后，将雏鸡和母鸡分离。母鸡会在夜晚光线变暗后，悄悄回到鸡窝。如果将雏鸡和原有的鸡一起饲养，傍晚将原有的鸡从鸡舍中赶出，让其与雏鸡一起在纸壳箱中度过一晚，然后第二天一起回到鸡舍时就不会打架。

成为代理鸡妈妈的母鸡的单独鸡舍

鸡舍中事先放入专用的饲料和水。母鸡能够专心照顾雏鸡。为了保证不压到雏鸡，在母鸡单独鸡舍的侧面建造能够让雏鸡通过的缝隙。

母鸡育雏专用箱

30 厘米左右

40 厘米左右

90 厘米左右

雏鸡用饲料

70 厘米左右

雏鸡运动场
铺上锯末或稻草

掉落。

每天 10 只小型鸡大概要吃 300~500 克混合饲料，产蛋量高的普通鸡会吃掉 1 千克左右混合饲料。农业协会或者饲料店有销售 20 千克装的饲料，经济实惠。在家庭用品中心等地方有售小包装的饲料，但价格较贵。为了保证不发霉或者生虫，混合饲料的袋子应该放在干燥凉爽、且避免日光直射的地方。因为不能长久保存，所以应尽量在 2 周内将饲料全部食用完，最迟不要超过 1 个月。

饲料只要混合饲料就足够了。如果饲料是青菜，鸡也会很高兴地食用，但是为了防止营养不足，可在其他的容器中放入混合饲料，让鸡自由食用。吃剩的饲料在没有腐败前要尽快处理掉，容器也应该清洗干净。为了防止鸡低头吃食时饲料溢出，可在细长的水管一样的容器中，放入螺旋形缠绕的铁丝。

9. 来吧，一起拣鸡蛋！（18~19 页）

雏鸡出生 6 个月后开始产蛋。鸡会在鸡舍的角落产蛋。如果在许多母鸡共同生活的鸡舍内，对这种情况置之不理的话，会发生在一个地点母鸡叠压在一起导致死亡的情况。此外，鸡是啄食取食的，如果鸡蛋正要出来的肛门（泄殖腔）被啄食，有可能发生肠子被拽出来的事情。

所以，需要为母鸡准备产蛋箱。如果母鸡下蛋后就在原地孵蛋孵化雏鸡的箱子叫做巢箱，以拣鸡蛋为主要目的的箱子叫做横口产蛋箱。

如果在狭窄的地方饲养雏鸡的话，容易发生啄食的情况。一旦发生出血的情况，啄食会变得更加激烈。受伤的鸡头部和屁股受到啄食的概率会增加。应尽量选择宽敞、防止日光直射，并且光线相对较暗的地方饲养准备产蛋的鸡。发生轻度啄食时，为了治疗伤口和预防感染，可以在伤口处涂抹"木焦油"。在还是雏鸡的时候，养鸡场可通过烧断（叫做断喙）鸡喙前端来防止啄食的发生。

产下的鸡蛋表面湿润，但是这种湿润的液体接触空气后会立即挥发，在鸡蛋的表面上出现叫做护膜的蛋白质薄膜。可在横口的产蛋箱中放入塑料垫子、人工草坪等作为鸡蛋落下的缓冲物，也可以选用可以用水冲洗掉粪便或者破碎蛋液等材质的物品。当然，要时刻保持巢箱内的清洁。

食用鸡蛋时需要注意，具有裂纹的鸡蛋被产出后，应当天或者立即放入冰箱中保存，第二天加热做成菜肴食用。不要生吃具有裂纹的鸡蛋。为了保证鸡蛋的新鲜度，可选择低温保存，或者放在冰箱内保存。在冰箱里保存 10 天左右的鸡蛋可以放心食用。公鸡和母鸡一起饲养的环境中取得的鸡蛋，如果蛋中出现血管，说明这是开始生长的受精鸡蛋，最好不要食用。因为这样的鸡蛋非常容易腐败。

当鸡蛋上附着粪便等污垢时，应使用干燥的布擦掉。如果用水清洗，污垢可能会通过蛋壳上的小孔（气孔）进入鸡蛋中。新鲜的鸡蛋内可能会混有小块血液（血斑）或者像肉片（肉斑）一样的物质。不用担心，这是因为鸡在排卵过程中，从卵巢排出蛋黄时发生了出血状况形成的，以及蛋壳的色素（通常为茶色）给体内物质染色并掺杂在蛋白内形成的。

10. 这时该怎么办？（20~21 页）

如果鸡舍不干净，会出现叫做刺皮螨的螨虫。刺皮螨夜晚吸食鸡的血液，白天隐藏在墙壁缝隙、产蛋箱以及栖木的下面。还有叫做林禽刺螨的螨虫，它们比刺皮螨小且不会离开鸡的身体，附着在肛门附近的情况比较多。应使用杀虫剂来消灭螨虫，也可以在鸡舍、产蛋箱以及栖木等地方涂抹杂酚油。

蛔虫寄生在鸡的肠子内，和粪便一起排出的蛔虫卵会存活很长时间。如果雏鸡染上大量蛔虫的话，会出现精神萎靡、腹泻症状或者粪便中混有类似肉一样的物质。

小到只有显微镜才可以观察到的原虫疾病可引起很严重的危害。球虫病是艾美尔虫属原虫寄生在盲肠或者小肠上导致的疾病，会引起鸡贫血、精神萎靡、粪便中混有类似血液或者肉一样的物质，或者使粪便呈现黄色，并出现腹泻症状。球虫病是与粪便一起生活的放养鸡无法避免的疾病，因此，应采用混凝土建造鸡舍地面，并定期（约 1 年 1 次）清理粪便，然后用水冲洗地面，并使用消毒剂消毒后，换上新的铺地材料。鸡住白细胞原虫病是荒川库蠓引起的感染性原虫病，发病高峰期为 7~9 月，症状为容易贫血，鸡冠呈苍白色，出现绿色粪便。荒川库蠓体长 1 毫米左右，弹跳能力弱，所以保持鸡舍通风良好的话，荒川库蠓就很难聚集，并应在鸡舍的周围喷洒杀虫剂。杀虫剂应选对原虫病有预防和杀灭作用的类型。

鸡脚的内侧出现脓包，疼痛导致脚不能着地或者不能顺利行走，是因为细菌进入伤口引起了化脓，所以应切开脓包处，排出类似脓或者乳酪渣一样的东西，清洗伤口后涂抹药物。

鸡的传染病有很多种类，其中很多都是非常可怕的疾病。

新城疫是法定传染病，传染能力极强，患上该种疾病的鸡都要进行屠宰处理,如果给附近的养鸡场造成任何影响（鸡或者鸡蛋不能发货给其他地区）的话，会变成非常麻烦的事情。鸡痘为鸡的鸡冠、皮肤或者喉咙处发生痘疹的疾病，该疾病通过蚊子或者螨传染，在夏季流行。接种疫苗可以有效预防新城疫和鸡痘，所以一定要事先进行疫苗接种。疾病的具体事宜可以咨询兽医。

11. 与鸡一起玩耍吧！（22~23 页）

蛋黄颜色的变化是通过叫做类胡萝卜素的一组脂溶性色素来实现的。鸡自身并不能合成该色素，该色素都是鸡从饲料中获取的。从更换饲料到蛋黄颜色的改变，大概需要 10 天时间，这与蛋黄从逐渐变大到完全形成的时间相同。

12. 鸡蛋的实验（24~25 页）

蛋壳、蛋黄和蛋白重量的比例大概是 1：3：6。雏鸡不断成长，刚开始产蛋时生的鸡蛋比较小，随着鸡龄的逐渐增长，鸡蛋也会随之变大，这是为什么呢？测量鸡蛋整体的重量，然后测量蛋壳以及使用分离器过滤出蛋黄的重量，再计算出蛋白的重量。

1 只鸡蛋能够承受大概 3 千克的重量。使用泡沫塑料或者橡胶板作为垫子，验证一下 4 只鸡蛋是否能够承受 12 千克的重量吧。

醋能够溶解蛋壳的主要成分——钙。实验过程中不断更换新的醋，大概 1~2 个月能够彻底溶解蛋壳。

13. 煮鸡蛋、煎荷包蛋和温泉鸡蛋等（26~27 页）

鸡蛋中的蛋白质几乎和母乳一样，所含有的必需氨基酸构成非常完美,作为人类的食物,起着补充蛋白质含量的作用。此外，鸡蛋还富含维生素 A、维生素 B2、维生素 D 和铁，其中,胆固醇含量较高。鸡蛋中含有培育雏鸡所需要的营养。所以，鸡蛋中不含雏鸡自己能够合成的维生素 C。

煮鸡蛋时出现发黑的蛋黄是因为蛋白中含有的硫经过加热，从蛋壳附近开始分解，变成硫化氢，然后生成物和蛋黄中含有的铁离子发生反应，生成了硫化亚铁。

如果遇到水煮的新鲜鸡蛋非常难剥皮的情况，那么，打碎刚刚产下的类似鸡蛋会发现，蛋白呈现发白、浑浊的状态。这是因为鸡蛋里面含有二氧化碳，煮鸡蛋食用时，二氧化碳会从蛋壳的气孔中逸出。如果在夏季将鸡蛋放置 2~3 天、

冬季放置数日后再进行水煮的话，蛋壳就非常容易剥离了，而且蛋白非常光滑且好吃。

14. 与鸡一起生活的好方法（28~29 页）

想要吃牛肉或猪肉却不能自己进行屠宰，而想吃鸡肉的话，可以自己动手。但是，若是销售鸡肉，必须遵守家禽处理的法律。

使用粪便制作堆肥，如果高度达不到 50 厘米就不会聚集热量，不能充分进行发酵。堆肥的水分含量应调整为 65% 左右，偶尔将堆肥进行翻动，让空气可以进入中心部位。完成堆肥的制作大概需要 2 个月以上的时间。

15. 鸡的来源（30~31 页）

现在产蛋专用鸡通常都会产下 300 个左右的鸡蛋。肉鸡原本是"整只烤制用的雏鸡"，现在不到 2 个月体重就能达到 3 千克左右以用于食用。成长速度快、肉用的鸡都叫做肉鸡。动物园或者爱好者饲养的，以欣赏体型、颜色以及叫声的鸡为观赏鸡。

后记

你想过要在家里饲养鸡吗？"能够轻松饲养十姊妹鸟、文鸟、虎皮鹦鹉等小鸟，但是饲养鸡有点困难……"一定有很多人都这么想。但是，如果大家读完这本书，一定会感到很意外，原来饲养鸡这么简单。

目前，世界上生活着数百种鸡，从根本来说都是5 000年前的野鸡或者叫做原鸡的品种，经过长年累月进化出来的。人类和鸡的关系具有悠久的历史。

原鸡一直存活到现在，体重可达500~600克，每年只会产下20~50只重20克左右的鸡蛋。现在经过了专业的物种改良，产蛋专用的鸡每年会产下300只重60克左右的鸡蛋；肉用的肉鸡只要经过2个月，体重就能达到3千克左右。另外，在原鸡改良成家禽的基础上，斗鸡还有着重要的意义，它们将战斗精神传承给了现在的鸡。

体型和羽毛优美的鸡、长鸣"报时"的鸡、斗鸡专用的鸡等成为重要的文化遗产，大部分的日本鸡被选定为自然保护动物。

非常遗憾的是，公鸡从深夜开始报时的天性已经成为个人饲养鸡的阻碍。母鸡也会打鸣，但是夜晚叫的情况很少，所以个人可以挑战一下饲养母鸡。

想要增加鸡舍中鸡的数量该做些什么工作？除该绘本中介绍的方法之外，努力寻找一些属于自己的方法吧。如果您有关于鸡或者鸡蛋的问题，我们随时接受咨询。

山上善久

图书在版编目（CIP）数据

画说鸡 /（日）山上善久编文；（日）菊池日出夫绘
画；中央编译翻译服务有限公司译. —— 北京：中国农
业出版社，2018.11
（我的小小农场）
ISBN 978-7-109-24419-1

Ⅰ.①画… Ⅱ.①山…②菊…③中… Ⅲ.①鸡 – 少
儿读物 Ⅳ.①S831-49

中国版本图书馆CIP数据核字(2018)第164810号

■品种摄影协力
P10～11　各品种成鸡　トサカ　タマゴ（白玉　赤玉　チャボ　ウコッケイ）：埼玉県畜
　　　　　産センター
　　　　　タマゴ（アロウカナ）：佐二木茂明（千葉県畜産センター）
■撮影
P10～11　各品种成鸡　トサカ　タマゴ：小倉隆人（写真家）
■引用
P32　検卵の図：教科書「畜産」（農文協）
■参考文献
山口健児「鶏の事典」（読売新聞社　1968年）
小山七郎「原色日本鶏（付外国鶏）」（家の光協会　1987年）

山上善久

1946年生于日本东京都。毕业于东京学
艺大学产业技术系。曾在埼玉县的养鸡
试验场、畜产中心从事鸡饲养管理技术
和鸡蛋品质研究工作。曾任日本饲养标
准"家禽"的审定委员。主要著作有《鸡
蛋的品质》（鸡蛋肉信息中心）、《农业技
术大全 畜产篇5》（合著 / 日本农山渔村
文化协会）、《材料料理大辞典》（合著 /
日本学习研究社）、《畜产综合辞典》（合
著 / 朝仓书店）等。

菊池日出夫

1949年生于日本长野县。主要绘有《山鸽》
（童心社 1981年出版后，现由 Noracco
复刊），《Noracco 之绘本 三岁的鲤鱼》、
科学的伙伴《大家一起除草》和儿童的
伙伴 0·1·2《和青蛙玩耍》（福音馆书店）、
《山翠鸟的歌声》（童心社），以及插画《跳
舞的牛》（文研出版）等。

我的小小农场 ● 11

画说鸡

编　文：【日】山上善久
绘　画：【日】菊池日出夫
编辑制作：【日】栗山淳编辑室

Sodatete Asobo Dai 4-shu 20 Niwatori no Ehon
Copyright© 1999 by Y.Yamagami,H.Kikuchi,J.Kuriyama
Chinese translation rights in simplified characters arranged with Nosan Gyoson Bunka Kyokai, Tokyo through Japan UNI Agency, Inc., Tokyo
All right reserved.
本书中文版由山上善久、菊池日出夫、栗山淳和日本社团法人农山渔村文化协会授权中国农业出版社独家出版发行。本书内容的任
何部分，事先未经出版者书面许可，不得以任何方式或手段复制或刊载。
北京市版权局著作权合同登记号：图字01-2016-5587号

责任编辑：刘彦博
翻　　译：中央编译翻译服务有限公司
专业审读：常建宇
设计制作：涿州一晨文化传播有限公司
出　　版：中国农业出版社
　　　　　（北京市朝阳区麦子店街18号楼　邮政编码：100125　美少分社电话：010-59194987）
发　　行：中国农业出版社
印　　刷：北京华联印刷有限公司
开　　本：889mm×1194mm 1/16
印　　张：2.75
字　　数：100千字
版　　次：2018年11月第1版　2018年11月北京第1次印刷
定　　价：39.80元